무량공덕 사경 **9**

普賢行願品

사경은 무량공덕의 기도

무비스님

보현보살이 부처님의 수승한 공덕을 찬탄하고 나서 모든 보살과 선재동자에게 말씀하셨습니다. 선남자여, 여래의 공덕은 가령 시방에 계시는 일체 모든 부처님께서 불가설불가설 불찰극미진수 겁을 지내면서 계속 말씀하시더라도 다 말씀하지 못하시느니라. 만약 이러한 공덕문을 성취하고자 하거든 마땅히 10가지 넓고 큰 행원을 닦아야 하느니라.'

문수보살이 석가모니 부처님의 좌보처로서 지혜를 상징하는 것에 비해 이 보현보살은 우보처로서 행원을 상징한 보살로 유명합니다.

여래의 지덕(智德)과 체덕(體德)이 지혜라면, 여래의 이덕(理德)과 정덕(定德)과 행덕(行德)은 실천행입니다.

보현보살은 선재동자에게 부처님의 공덕은 모든 세계 모든 부처님이 미래세가 다하도록 말하여도 그 공덕을 다 말하는 것이 불가능할 정도로 크다는 것을 설한 후, 그런 부처님 공덕의 세계에 들어가기 위한 가장 중요한 방법으로 보현의 열 가지 행원을 닦으라고 말씀하십니다. 우리가 한 생을 살아가면서 이와 같이 귀중한 가르침을 만난다는 것은 이 세상에 그 무엇과도 비교할 수 없는 행복한 일입니다.

경전을 통한 수행에는 네 가지를 듭니다. 서사(書寫)·수지(受持)·독송(讀誦)·해설(解說)이 그것입니다. 서사란 사경(寫經)으로서 경전을 쓰는 일입니다. 경전을 쓰는 일은 온 몸과 마음을 다해야 하기 때문에 최상제일이며 무량공덕의 기도가 됩니다. 사람이 살아가는 일에 있어서 이보다 더 소중하고 값진 일은 없을 것입니다.

사경공덕수승행 무변승복개회향
寫經功德殊勝行 無邊勝福皆廻向
보원침익제유정 속왕무량광불찰
普願沈溺諸有情 速往無量光佛刹

경을 쓰는 이 공덕 수승하여라.
가없는 그 복덕 모두 회향하여
이 세상의 모든 사람 모든 생명들
무량광불 나라에서 행복하여지이다.

불기 2545년 동안거 세등 智比

발 원 문

사경제자 :   합장

사경시작 일시 :   년   월   일

사 경 의 식

삼귀의례

거룩한 부처님께 귀의합니다.

거룩한 가르침에 귀의합니다.

거룩한 스님들께 귀의합니다.

개경게

가장 높고 미묘하신 부처님 법

백천만 겁 지나도록 인연 맺기 어려워라

내가 이제 불법진리 보고 듣고 옮겨 쓰니

부처님의 진실한 뜻 깨우치기 원합니다.

사경발원

자신이 세운 원을 정성스런 마음으로 발원한다.

입정

정좌해서 마음을 고요히 하여 사경할 자세를 갖춘다.

사경시작

사경끝남

사경봉독

　손수 쓴 경전을 소리내어 한 번 독송한다.

사경회향문

　경을 쓰는 이 공덕 수승하여라

　가없는 그 복덕 모두 회향하여

　이 세상의 모든 사람 모든 생명들

　무량광불 나라에서 행복하여지이다.

불전삼배

사홍서원

　중생을 다 건지오리다.

　번뇌를 다 끊으오리다.

　법문을 다 배우오리다.

　불도를 다 이루오리다.

大方廣佛華嚴經 卷第四十
대방광불화엄경 권제사십

入不思議解脫境界普賢行願品
입부사의해탈경계보현행원품

賓國 三藏 沙門 般若 漢譯

序分
서분

第一章
제일장

如來功德分 一節
여래공덕분 일절

爾時에
이시에
普賢菩薩摩訶薩이
보현보살마하살이
稱歎如來
칭탄여래

勝功德已 告諸菩薩 及善財言 善男子 如來功德 假使十方一切諸佛 經不可說不可說 佛刹極微塵數劫 相續演說 不可窮盡

승공덕이 고하시 고세보살과 급선재언 대하사 선 남자야 여래공덕은 가사십방일체제불이 경불가설불가설 불찰극미진수겁하야 상속연설하야 불가궁진라이니

正宗分 第二章

정종분 제이장

十種誓願 名稱 一節

若欲成就此功德門인댄 應修十種廣大

行願이니 何等이 爲十고 一者는 禮敬諸佛이요

二者는 稱讚如來요 三者는 廣修供養이요

四者는 懺悔業障이요 五者는 隨喜功德이요

六者는 請轉法輪이요 七者는 請佛住世요

一一

八者는 常隨佛學이요 九者는 恒順衆生이요

十者는 普皆廻向이니라

禮敬諸佛 一

善財白言 大聖이시 云何禮敬이며 乃至

廻向 普賢菩薩이 告善財言 善男子야

言禮敬諸佛者는 所有盡法界虛空界

一二

十方三世一切佛刹極微塵數 諸佛

世尊을 我以普賢行願力故로 深心信解

如對目前하야 悉以清淨 身語意業으로 常

修禮敬하되 一一佛所에 皆現不可說不可

說佛刹極微塵數身하며 一一身으로 遍禮

不可說不可說 佛刹極微塵數佛

虛空界盡하면 我禮乃盡이어니와 以虛空界不

可盡故로 我此禮敬도 無有窮盡하야 如是

乃至衆生界盡하며 衆生業盡하며 衆生煩

惱盡하면 我禮乃盡이어니와 而衆生界로 乃至煩

惱無有盡故로 我此禮敬도 無有窮盡하야

念念相續하고 無有間斷하여 身語意業에 無

有疲厭(유피염)라이니

稱讚如來(칭찬여래) 二이

復次(부차) 善男子(선남자)야 言稱讚如來者(언칭찬여래자)는 所有(소유)

盡法界(진법계) 虛空界(허공계) 十方三世(시방삼세) 一切刹土(일체찰토)

所有極微(소유극미)의 一一塵中(일일진중)에 皆有(개유) 一切世界(일체세계)

極微塵數佛(극미진수불)하며 一一佛所(일일불소)에 皆有菩薩海(개유보살해)

會圍遶어든 我當悉以甚深勝解와 現前知하며 見으로 各以出過辯才天女微妙舌根하며 一一舌根에 出無盡音聲海하고 一一音聲에 出一切言辭海하여 稱揚讚歎一切如來諸功德海하되 窮未來際히 相續不斷하여 盡於法界에 無不周遍니하나 如是虛空界盡하며

衆生界盡하며 衆生業盡하며 衆生煩惱盡하면

我讚이 乃盡이어니와 而虛空界와 乃至煩惱無

有盡故로 我此讚歎도 無有窮盡하야 念念

相續하고 無有間斷하야 身語意業에 無有

疲厭라이니

廣修供養 三

一七

復次善男子야 言廣修供養者는 所有

盡法界虛空界 十方三世一切佛刹極

微塵中에 一一各有 一切世界極微塵

數佛하며 一一佛所에 種種菩薩海會圍

遶어든 我以普賢行願力故로 起深信解

現前知見하야 悉以上妙諸供養具로 而爲

一八

供養
所謂 華雲과 鬘雲이며 天音樂雲이며
天傘蓋雲이며 天衣服雲이며 天種種香塗도
香이며 燒香이며 末香이니 如是等雲이 一一量이
如須彌山王하며 然種種燈호되 酥燈이며 油燈과
諸香油燈이 一一燈炷 如須彌山하며
一一燈油 如大海水하야 以如是等諸供

養具로 常爲供養이라니 善男子야 諸供養中

法供養이 最이니 所謂如說修行供養이며 利

益衆生供養이며 攝受衆生供養이며 代衆生

苦供養이며 勤修善根供養이며 不捨菩薩業

供養이며 不離菩提心供養이라니 善男子야 如

前供養無量功德을 比法供養一念功德

百分不及一이며 千分不及一百千俱

胝那由他分과 迦羅分과 算分數分喻

分優婆尼沙陀分에도 亦不及一이니 何以

故오 以諸如來가 尊重法故며 以如說行이

出生諸佛故며 若諸菩薩이 行法供養하면

則得成就供養如來니 如是修行이 是

眞供養故_{니라} 此 廣大最勝供養을 虛空
界盡하며 衆生界盡하며 衆生業盡하며 衆生
煩惱盡하면 我供이 乃盡이어니와 而虛空界와 乃
至煩惱不可盡故로 我此供養도 亦無
有盡하야 念念相續하고 無有間斷하야 身語
意業에 無有疲厭이니

眞<small>진</small>供<small>공</small>養<small>양</small>故<small>고</small>니라
此<small>차</small> 廣<small>광</small>大<small>대</small>最<small>최</small>勝<small>승</small>供<small>공</small>養<small>양</small>을 虛<small>허</small>空<small>공</small>
界<small>계</small>盡<small>진</small>하며 衆<small>중</small>生<small>생</small>界<small>계</small>盡<small>진</small>하며 衆<small>중</small>生<small>생</small>業<small>업</small>盡<small>진</small>하며 衆<small>중</small>生<small>생</small>
煩<small>번</small>惱<small>뇌</small>盡<small>진</small>하면 我<small>아</small>供<small>공</small>이 乃<small>내</small>盡<small>진</small>이어니와 而<small>이</small>虛<small>허</small>空<small>공</small>界<small>계</small>와 乃<small>내</small>
至<small>지</small>煩<small>번</small>惱<small>뇌</small>不<small>불</small>可<small>가</small>盡<small>진</small>故<small>고</small>로 我<small>아</small>此<small>차</small>供<small>공</small>養<small>양</small>도 亦<small>역</small>無<small>무</small>
有<small>유</small>盡<small>진</small>하야 念<small>염</small>念<small>념</small>相<small>상</small>續<small>속</small>하고 無<small>무</small>有<small>유</small>間<small>간</small>斷<small>단</small>하야 身<small>신</small>語<small>어</small>
意<small>의</small>業<small>업</small>에 無<small>무</small>有<small>유</small>疲<small>피</small>厭<small>염</small>이니

懺除業障_{참제업장} 四_사

復次_{부차} 善男子_{선남자야} 言_언 懺除業障者_{참제업장자는} 菩薩_{보살이}

自念_{자념호대} 我於過去無始劫中_{아어과거무시겁중에} 由貪瞋癡_{유탐진치}

發身口意_{발신구의하야} 作諸惡業_{작제악업이} 無量無邊_{무량무변하니}

若此惡業_{약차악업이} 有體相者_{유체상자인댄} 盡虛空界_{진허공계라도} 不_불

能容受_{능용수하리} 我今_{아금에} 悉以清淨三業_{실이청정삼업하야} 遍於_{변어}

二三

法界極微塵刹一切諸佛菩薩衆前에 誠
心懺悔하고 後不復造하고 恒住淨戒一切
功德하오리라 如是하야 虛空界盡하며 衆生界盡
하며 衆生業盡하며 衆生煩惱盡하면 我懺乃
盡이어니와 而虛空界乃至衆生煩惱不可
盡故로 我此懺悔無有窮盡하야 念念相

二四

續속하고 無무有유 間간斷단하야 身신語어意의業업에 無무有유疲피厭염이라이니

復부次차 善선男남子자야 言언 隨수喜희功공德덕者자는 所소有유

盡진法법界계虛허空공界계 十시方방三삼世세一일切체佛불刹찰極극

微미塵진數수諸제佛불如여來래 從종初초發발心심으로 爲위一일切체

智지하야 勤근修수福복聚취호대 不불惜석身신命명을 經경不불可가

說不可說설가설 佛刹極微塵數劫불찰극미진수겁하며 一一劫일일겁

中에중 捨不可說不可說사불가설불가설 佛刹極微塵數불찰극미진수

頭目手足두목수족하야 如是여시 一切難行苦行으로일체난행고행 圓滿원만

種種波羅蜜門종종바라밀문하며 證入種種菩薩智地증입종종보살지지하며

成就諸佛無上菩提와성취제불무상보리 及般涅槃하야급반열반 分布분포

舍利는하시사리 所有善根을소유선근 我皆隨喜하며아개수희 及彼十급피시

方一切世界六趣四生一切種類의 所有
功德을 乃至一塵고이라 我皆隨喜하며 十方
三世一切聲聞과 及 辟支佛과 有學無
學의 所有功德을 我皆隨喜하며 一切菩薩의
所修無量難行苦行으로 志求 無上正等
菩提한 廣大功德을 我皆隨喜호대 如是虛

空界盡하며 衆生界盡하며 衆生業盡하며 衆生

煩惱盡도하야 我此隨喜는 無有窮盡하야 念念

相續하고 無有間斷하야 身語意業에 無有

疲厭이라이니

請轉法輪 六

復次善男子야 言請轉法輪者는 所有

盡法界虛空界十方三世一切佛刹極微塵中에 一一各有 不可說不可說佛刹極微塵數 廣大佛刹하며 一一刹中에 念念有不可說不可說佛刹極微塵數一切諸佛 成等正覺하고 一切菩薩海會圍遶어든 而我悉以身口意業과 種種方便으로 慇懃

勸請 권청이 轉妙法輪 전묘법륜호대 如是 여시 虛空界盡 허공계진하며

衆生界盡 중생계진하며 衆生業盡 중생업진하며 衆生煩惱盡 중생번뇌진도하야

我常勸請 아상권청 一切諸佛 일체제불이 轉正法輪 전정법륜은 無有 무유

窮盡 궁진하야 念念相續 염념상속하고 無有間斷 무유간단하야 身語 신어

意業 의업에 無有疲厭 무유피염이라이니

請佛住世 七
청불주세 칠

復次 善男子 言 請佛住世者 所有
부차 선남자 언 청불주세자 는 소유

盡法界虛空界 十方三世 一切佛刹
진법계허공계 시방삼세 일체불찰

極微塵數 諸佛如來 將欲示現般涅
극미진수 제불여래 장욕시현반열

槃者 及諸菩薩 聲聞緣覺 有學無
반자 와 급제보살 성문연각 인 유학무

學 乃至一切諸善知識 我悉勸請
학과 내지일체제선지식 에 아실권청 호되

三一

莫入涅槃하고 經於一切佛刹極微塵數 劫을 爲欲利樂一切衆生라하나니서 如是虛空界盡하며 衆生界盡하며 衆生業盡하며 衆生煩惱盡하야 我此勸請은 無有窮盡하야 念念相續하고 無有間斷하야 身語意業에 無有疲厭이라이니

三二

常隨佛學 (상수불학) 八 (팔)

復(부)次(차) 善男子(선남자)야 言(언) 常隨佛學者(상수불학자)는 如此(여차) 娑婆世界(사바세계) 毘盧遮那如來(비로자나여래) 從初發心(종초발심)으로 精進不退(정진불퇴)하되 以不可說不可說身命(이불가설불가설신명)으로 而爲布施(이위보시)하며 剝皮爲紙(박피위지)하고 析骨爲筆(석골위필)하며 刺(자)血爲墨(혈위묵)하야 書寫經典(서사경전)을 積如須彌(적여수미)라도 爲重(위중)

法故로 不惜身命든이어 何況王位城邑聚落이며

宮殿園林이며 一切所有와 及餘種種難行

苦行이며 乃至樹下에 成大菩提하고 示種種

神通하며 起種種變化하야 現種種佛身하며

處種種衆會하며 或處一切諸大菩薩衆會

道場하며 或處聲聞及辟支佛衆會道場하며

或處轉輪聖王小王眷屬衆會道場
혹처전륜성왕소왕권속중회도량하며

或處刹利及婆羅門長者居士衆會道場
혹처찰리급바라문장자거사중회도량하며

乃至或處天龍八部人非人等衆會道場
내지혹처천룡팔부인비인등중회도량하야

處於如是種種衆會하되 以圓滿音이여
처어여시종종회하되 이원만음이여

大雷震하야 隨其樂欲하야 成熟衆生하며 乃
대뢰진하야 수기요욕하야 성숙중생하며 내

至示現入於涅槃하는 如是一切를 我皆
지시현입어열반하는 여시일체를 아개

三五

隨學호대 如今世尊毘盧遮那니하나 如是하야 盡法界 虛空界 十方三世 一切佛刹 所有塵中의 一切如來도 皆亦如是하야 於念念中에 我皆隨學니하라나 如是 虛空界盡하며 衆生界盡하며 衆生業盡하며 衆生煩惱盡도하야 我此隨學은 無有窮盡하야 念念相續하고 無

有^유間^간斷^단하야 身^신語^어意^의業^업에 無^무有^유疲^피厭^염이니

恒^항順^순衆^중生^생 九^구

復^부次^차 善^선男^남子^자야 言^언恒^항順^순衆^중生^생者^자는 謂^위盡^진

法^법界^계虛^허空^공界^계十^시方^방刹^찰海^해 所^소有^유衆^중生^생이 種^종

種^종差^차別^별하니 所^소謂^위卵^난生^생胎^태生^생이며 濕^습生^생化^화生^생이라

或^혹有^유依^의於^어 地^지水^수火^화風^풍而^이生^생住^주者^자며 或^혹有^유

三七

依空과 及諸卉木而生住者며 種種生類와

種種色身과 種種形狀과 種種相貌와 種種

壽量과 種種族類와 種種名號와 種種心

性과 種種知見과 種種欲樂와 種種意行과

種種威儀와 種種衣服과 種種飲食으로 處

於種種村營聚落城邑宮殿하며

乃至

乃至(내지) 一切天龍八部人非人等(일체천룡팔부인비인등) 無足(무족) 二足(이족) 四足多足(사족다족) 有色無色(유색무색) 有想無想(유상무상) 非有想非無想(비유상비무상) 如是等類(여시등류) 我皆(아개) 於彼(어피) 隨順而轉(수순이전) 種種承事(종종승사) 種種(종종) 供養(공양) 如敬父母(여경부모) 如奉師長(여봉사장) 及阿羅漢(급아라한) 乃至如來(내지여래) 等無有異(등무유이) 於諸病苦(어제병고)

爲作良醫하며 於失道者에 示其正路하며 於

暗夜中에 爲作光明하며 於貧窮者에 令得

伏藏니하나 菩薩이 如是 平等饒益一切衆

生하이고오 何以故오 菩薩이 若能隨順衆生하면

則爲隨順供養諸佛이며 若於衆生에 尊重

承事하면 則爲尊重承事如來며 若令衆生으로

生歡喜者면 則令一切如來도 歡喜니 何

以故오 諸佛如來는 以大悲心으로 而爲體

故로 因於眾生하야 而起大悲하며 因於大悲

生菩提心하며 因菩提心하야 成等正覺이니하나

譬如曠野沙磧之中에 有大樹王커든 若根

得水하면 枝葉華果 悉皆繁茂하야인달 生死曠

四一

野_야에 菩_보提_리樹_수王_왕도 亦_역復_부如_여是_시하야 一_일切_체衆_중生_생으로

而_이爲_위樹_수根_근하고 諸_제佛_불菩_보薩_살로 而_이爲_위華_화果_과하니 以_이

大_대悲_비水_수로 饒_요益_익衆_중生_생하면 則_즉能_능成_성就_취諸_제佛_불菩_보

薩_살智_지慧_혜華_화果_과니라 何_하以_이故_고오 若_약諸_제菩_보薩_살以_이

大_대悲_비水_수로 饒_요益_익衆_중生_생하면 則_즉能_능成_성就_취阿_아耨_뇩多_다

羅_라三_삼藐_막三_삼菩_보提_리故_고니라 是_시故_고로 菩_보提_리는 屬_속於_어

衆生하니 若無衆生이면 一切菩薩이 終不能

成無上正覺이니라 善男子야 汝於此義에 應

如是解니라 以於衆生에 心平等故로 則能

成就圓滿大悲하며 以大悲心으로 隨衆生

故로 則能成就供養如來니라 菩薩이 如是

隨順衆生하야 虛空界盡하며 衆生界盡하며 衆

生業盡(생업진)하며 衆生煩惱盡(중생번뇌진)도하야 我此隨順(아차수순)은 無(무)
有窮盡(유궁진)하야 念念相續(염념상속)하고 無有間斷(무유간단)하야 身語(신어)
意業(의업)에 無有疲厭(무유피염)이라니

普皆廻向(보개회향) 十(십)

復次善男子(부차선남자)야 言普皆廻向者(언보개회향자)는 從初(종초)
禮拜(예배)로 乃至隨順(내지수순)의 所有功德(소유공덕)을 皆悉廻(개실회)

向향 盡진 法법 界계 虛허 空공 界계 一切衆生일체중생 願令衆원령중

生생으로 常得安樂상득안락하고 無諸病苦무제병고하며 欲行惡法욕행악법

皆悉不成개실부성하고 所修善業소수선업은 皆速成就개속성취하며

關閉관폐 一切諸惡趣門일체제악취문하고 開示人天涅槃正개시인천열반정

路로하며 若諸衆生약제중생이 因其積集諸惡業故인기적집제악업고로

所感소감 一切極重苦果일체극중고과를 我皆代受아개대수하야 令彼영피

四
五

衆生(중생)으로 悉(실)得(득)解脫(해탈)하야 究竟成就(구경성취)無上菩提(무상보리)케 하나니

菩薩(보살)이 如是所修(여시소수)廻向(회향)을 虛空界盡(허공계진)하며

衆生界盡(중생계진)하며 衆生業盡(중생업진)하며 衆生煩惱盡(중생번뇌진)도하야

我此廻向(아차회향)은 無有窮盡(무유궁진)하야 念念相續(염념상속)하고 無(무)

有間斷(유간단)하야 身語意業(신어의업)에 無有疲厭(무유피염)이라이니

普賢十大行願功德 二節

善男子 是爲菩薩摩訶薩의 十種大願

具足圓滿이니 若諸菩薩이 於此大願에 隨

順趣入하면 則能成熟一切衆生이며 則能隨

順阿耨多羅三藐三菩提이며 則能成滿

普賢菩薩 諸行願海이니 是故로 善男子야

四七

汝어於어此차義의에 應응如여是시知지니라

若약有유善선男남子자善선女녀人인이 하야 以이滿만十시方방無무量량無무

邊변不불可가說설不불可가說설 佛불刹찰極극微미塵진數수一일

切체世세界계上상妙묘七칠寶보와 及급諸제人인天천最최勝승安안樂락하야

布보施시爾이所소一일切체世세界계所소有유眾중生생하며 供공養양爾이

所소一일切체世세界계諸제佛불菩보薩살호대 經경爾이所소佛불刹찰極극

微塵數劫을 相續不斷한 所得功德과 若

復有人하야 聞此願王一經於耳한 所有

功德으로 比前功德컨댄 百分不及一이며 千分

不及一이며 乃至 優婆尼沙陀分에도 亦不

及一이라니 或復有人하야 以深信心으로 於此

大願을 受持讀誦하며 乃至 書寫一四句

偈하면 速能除滅五無間業하고 所有世間

身心等病과 種種苦惱와 乃至佛刹極微

塵數一切惡業을 皆得銷除하며 一切魔軍과

夜叉羅刹과 若鳩槃茶와 若毘舍闍若

部多等 飲血噉肉하는 諸惡鬼神이 皆悉

遠離하며 或時發心하야 親近守護니하리

是故로 若人이 誦此願者면 行於世間호되

無有障碍 如空中月이 出於雲翳하니 諸

佛菩薩之所稱讚이며 一切人天이 皆應禮

敬하며 一切衆生이 悉應供養니하라 此善男子는

善得人身하야 圓滿普賢所有功德하고 不久에

當如普賢菩薩하야 速得成就微妙色身하야

具三十二大丈夫相하며 若生人天하며 所在

之處에 常居勝族하야 悉能破壞一切惡趣하며

悉能遠離一切惡友하며 悉能制伏一切外

道하며 悉能解脫一切煩惱호대 如師子王이

崔伏群獸하야달 堪受一切衆生供養라하리 又復

是人은 臨命終時 最後刹那에 一切諸根은

悉皆散壞하며 一切親屬은 悉皆捨離하며 一切威勢는 悉皆退失하고 輔相大臣과 宮城內外와 象馬車乘과 珍寶伏藏이 如是一切는 無復相隨호대 唯此願王은 不相捨離하야 一切時에 引導其前하야 一刹那中에 即得往生極樂世界하며 到已에 即見阿彌陀佛과

文殊師利菩薩과 普賢菩薩과 觀自在菩
薩 彌勒菩薩等이어 此諸菩薩이 色相이
端嚴하고 功德具足으로 所共圍遶어든 其人이
自見生蓮華中하야 蒙佛授記하고 得授記
已는하야 經於無數百千萬億那由他劫을 普
於十方不可說不可說世界에 以智慧力으로

隨衆生心하야 而爲利益하며 不久에 當坐菩
提道場하야 降伏魔軍하고 成等正覺하야 轉妙
法輪하야 能令佛刹極微塵數世界衆生으로
發菩提心하며 隨其根性하야 敎化成熟하며
乃至盡於未來劫海를 廣能利益一切衆
生하나니라 善男子야 彼諸衆生이 若聞若信此

大願王을 受持讀誦하며 廣爲人說하는 所

有功德은 除佛世尊하고 餘無知者니 是故로

汝等은 聞此願王하고 莫生疑念하고 應當諦

受受已能讀하고 讀已能誦하며 誦已能持하고

乃至書寫하야 廣爲人說이니 是諸人等은 於

一念中에 所有行願을 皆得成就하며 所獲

五六

福聚無量無邊하야 能於煩惱大苦海中에

拔濟眾生하야 令其出離하야 皆得往生阿

彌陀佛極樂世界니하라나

普賢菩薩十大偈頌 三節

爾時에 普賢菩薩摩訶薩이 欲重宣此義하야

복취무량무변하야 능어번뇌대고해중에

발제중생하야 영기출리하야 개득왕생아

미타불극락세계니하라나

보현보살십대게송 삼절

이시에 보현보살마하살이 욕중선차의하야

普觀十方하고 而說偈言되시

(1) 禮敬諸佛(예경제불)

所有十方世界中(소유십방세계중)의 三世一切人師子(삼세일체인사자)를

我以淸淨身語意(아이청정신어의)하야 一切遍禮盡無餘(일체변례진무여)하며

普賢行願威神力(보현행원위신력)으로 普賢一切如來前(보현일체여래전)하며

一身復現剎塵身(일신부현찰진신)하야 一一遍禮剎塵佛(일일변례찰진불)다이로

(2) 稱讚如來 칭찬여래

於一塵中塵數佛이 어일진중진수불이
各處菩薩衆會中커든 각처보살중회중

無盡法界塵亦然을 무진법계진역연을
深信諸佛皆充滿하며 심신제불개충만

各以一切音聲海로 각이일체음성해로
普出無盡妙言詞하야 보출무진묘언사

盡於未來一切劫을 진어미래일체겁을
讚佛甚深功德海로다 찬불심심공덕해

(3) 廣修供養 광수공양

以諸最勝妙華鬘 이제최승묘화만과
伎樂塗香及傘蓋 기악도향급산개하야

如是最勝莊嚴具 여시최승장엄구로
我以供養諸如來 아이공양제여래하며

最勝衣服最勝香 최승의복최승향과
末香燒香與燈燭 말향소향여등촉이

一一皆如妙高聚 일일개여묘고취를
我悉供養諸如來 아실공양제여래하며

我以廣大勝解心 아이광대승해심하야
深信一切三世佛 심신일체삼세불하며

悉以普賢行願力하야 普遍供養諸如來로다

(4) 懺除業障참제업장

我昔所造諸惡業이 皆由無始貪瞋癡라
아석소조제악업이 개유무시탐진치라

從身語意之所生을 一切我今皆懺悔로다
종신어의지소생을 일체아금개참회로다

(5)

隨喜功德 수희공덕

十方一切諸衆生 시방일체제중생과
二乘有學及無學 이승유학급무학과
一切如來與菩薩 일체여래여보살의
所有功德皆隨喜 소유공덕개수희로다

(6)

請轉法輪 청전법륜

十方所有世間燈 시방소유세간등과
最初成就菩提者 최초성취보리자에

六二

我今一切皆勸請하야
轉於無上妙法輪다이로

(7) 請佛住世

諸佛若欲示涅槃커든
我悉至誠而勸請호대

唯願久住刹塵劫하야
利樂一切諸眾生다이로

(8)

普皆迴向 보개회향

所有禮讚供養佛 소유예찬공양불 과
隨喜懺悔諸善根 수희참회제선근 을
請佛住世轉法輪 청불주세전법륜 과
迴向眾生及佛道 회향중생급불도 로다

(9)

常隨佛學 상수불학

我隨一切如來學 아수일체여래학 하야
修習普賢圓滿行 수습보현원만행 하며

供養過去諸如來와 及與現在十方佛과

未來一切天人師하야 一切意樂皆圓滿하며

我願普隨三世學하야 速得成就大菩提로다

(10) 恒順衆生

所有十方一切刹에 廣大淸淨妙莊嚴에

六五

衆(중)會(회)圍(위)遶(요)諸(제)如(여)來(래)하야 悉(실)在(재)菩(보)提(리)樹(수)王(왕)下(하)커든

十(시)方(방)所(소)有(유)諸(제)衆(중)生(생)이 遠(원)離(리)憂(우)患(환)常(상)安(안)樂(락)하고

獲(획)得(득)甚(심)深(심)正(정)法(법)利(리)하야 滅(멸)除(제)煩(번)惱(뇌)盡(진)無(무)餘(여)로다

受(수)持(지)願(원)

我(아)爲(위)菩(보)提(리)修(수)行(행)時(시)에 一(일)切(체)趣(취)中(중)成(성)宿(숙)命(명)하고

常(상)得(득)出(출)家(가)修(수)淨(정)戒(계)하야 無(무)垢(구)無(무)破(파)無(무)穿(천)漏(루)하며

天龍夜叉鳩槃茶와 乃至人與非人等과
所有一切衆生語로 悉以諸音而說法다이로
修行二利願
勤修淸淨波羅蜜하야 恒不忘失菩提心하고
滅除障垢無有餘하야 一切妙行皆成就하며
於諸惑業及魔境과 世間道中得解脫을

猶如蓮華不著水하고 亦如日月不住空다이로

成熟衆生行願

悉除一切惡道苦하고 等與一切群生樂을

如是經於刹塵劫하야 十方利益恒無盡하며

我常隨順諸衆生허대 盡於未來一切劫하며

恒修普賢廣大行하야 圓滿無上大菩提로다

不離願

所有與我同行者는

於一切處同集會하야

身口意業皆同等하야

一切行願同修學하며

所有益我善知識이

爲我顯示普賢行커든

常願與我同集會하야

於我常生歡喜心다이로

供養願

六九

願常面見諸如來가 及諸佛子衆圍遶하고
(원상면견제여래가 급제불자중위요하고)

於彼皆興廣大供을 盡未來劫無疲厭하며
(어피개흥광대공을 진미래겁무피염하며)

願持諸佛微妙法하야 光顯一切菩提行하며
(원지제불미묘법하야 광현일체보리행하며)

究竟清淨普賢道를 盡未來劫常修習다이로
(구경청정보현도를 진미래겁상수습다이로)

利益願
(이익원)

我於一切諸有中에 所修福智恒無盡하며
(아어일체제유중에 소수복지항무진하며)

定慧方便及解脫로
一塵中有塵數刹하고
一一佛處衆會中에
轉法輪願
普盡十方諸刹海와
佛海及與國土海에

獲諸無盡功德藏하며
一一刹有難思佛한대
我見恒演菩提行다이로
一一毛端三世海와
我徧修行經劫海하며

一切如來語淸淨이라 一言具衆音聲海하고

隨諸衆生意樂音이 一一流佛辯才海한대

三世一切諸如來가 於彼無盡語言海로

恒轉理趣妙法輪커든 我深智力普能入다이로

淨土願

我能深入於未來하야 盡一切劫爲一念하고

三世所有一切劫을 爲一念際我皆入하며

我於一念見三世에 所有一切人師子하고

亦常入佛境界中하되 如幻解脫及威力다이로

承事願

於一毛端極微中에 出現三世莊嚴刹커든

十方塵刹諸毛端에 我皆深入而嚴淨하며

所有未來照世燈이 成道轉法悟群有하고

究竟佛事示涅槃커든 我皆往詣而親近다이로

成正覺願

速疾周遍神通力과 普門遍入大乘力과

智行普修功德力과 威神普覆大慈力과

遍淨莊嚴勝福力과 無著無依智慧力과

七四

定慧方便威神力_{정혜방편·위신력과} 普能積集菩提力_{보능적집보리력과}

清淨一切善業力_{청정일체선업력으로} 摧滅一切煩惱力_{최멸일체번뇌력하고}

降伏一切諸魔力_{항복일체제마력하며} 圓滿普賢諸行力_{원만보현제행력 다이로}

總結大願_{총결대원}

普能嚴淨諸刹海_{보능엄정제찰해하고} 解脫一切眾生海_{해탈일체중생해하며}

善能分別諸法海_{선능분별제법해하고} 能甚深入智慧海_{능심심입지혜해하며}

普能清淨諸行海하고 圓滿一切諸願海하며

親近供養諸佛海하야 修行無倦經劫海하며

三世一切諸如來의 最勝菩提諸行願을

我皆供養圓滿修하야 以普賢行悟菩提로다

結歸普賢

一切如來有長子하니 彼名號曰普賢尊이라

我今廻向諸善根 아금회향제선근 니하노
願諸智行悉同彼 원제지행실동피 어다

願身口意恒清淨 원신구의항청정 하고
諸行刹土亦復然 제행찰토역부연 이라

如是智慧號普賢 여시지혜호보현 이니
願我與彼皆同等 원아여피개동등 다이로

結歸文殊 결귀문수

我爲遍淨普賢行 아위변정보현행 과
文殊師利諸大願 문수사리제대원 하야

滿彼事業盡無餘 만피사업진무여 하고
未來際劫恒無倦 미래제겁항무권 하며

我所修行無有量(아소수행무유량)하야 獲得無量諸功德(획득무량제공덕)하며

安住無量諸行中(안주무량제행중)하야 了達一切神通力(요달일체신통력)하며

文殊師利勇猛智(문수사리용맹지)와 普賢慧行亦復然(보현혜행역부연)이라

我今廻向諸善根(아금회향제선근)하노니 隨彼一切常修學(수피일체상수학)다이어

結歸廻向(결귀회향)

三世諸佛所稱歎(삼세제불소칭탄)인 如是最勝諸大願(여시최승제대원)을

我今廻向諸善根 아금회향제선근은 爲得普賢殊勝行이라

願生淨土 원생정토

願我臨欲命終時 원아임욕명종시에 盡除一切諸障碍하고

面見彼佛阿彌陀 면견피불아미타하야 即得往生安樂刹하며

我既往生彼國已 아기왕생피국이에 現前成就此大願하고

一切圓滿盡無餘 일체원만진무여하야 利樂一切衆生界하며

彼佛衆會咸淸淨_{피불중회함청정}든이어 我是於勝蓮華生_{아시어승연화생}하야

親觀如來無量光_{친도여래무량광}하고 現前授我菩提記_{현전수아보리기}하며

蒙彼如來授記已_{몽피여래수기이}하고 化身無數百俱胝_{화신무수백구지}하며

智力廣大遍十方_{지력광대변시방}하야 普利一切衆生界_{보리일체중생계}다지이여

總結十門無盡_{총결십문무진}

乃至虛空世界盡_{내지허공세계진}하고 衆生及業煩惱盡_{중생급업번뇌진}하며

如是一切無盡時라
我願究竟恒無盡다하리

經殊勝功德

十方所有無邊刹의
莊嚴衆寶供如來하고

最勝安樂施天人하야
經一切刹微塵劫도이라

若人於此勝願王에
一經於耳能生信하고

求勝菩提心渴仰하면
獲勝功德過於彼라

卽常遠離惡知識하고 永離一切諸惡道하며

速見如來無量光하야 具此普賢最勝願하니

此人善得勝壽命하며 此人善來人中生하며

此人不久當成就하야 如彼普賢菩薩行하리

往昔由無智慧力하야 所造極惡五無間도

誦此普賢大願王하면 一念速疾皆消滅하며

族姓種類及容色과 相好智慧咸圓滿하니

諸魔外道不能摧라 堪爲三界所應供하며

速詣菩提大樹王하야 坐已降伏諸魔衆하고

成等正覺轉法輪하야 普利一切諸含識라하리

結勸受持

若人於此普賢願에 讀誦受持及演說하면

果報唯佛能證知라 決定獲勝菩提道하리

若人誦此普賢願의 我說少分之善根컨댄

一念一切悉皆圓하야 成就衆生清淨願이라

我此普賢殊勝行의 無邊勝福皆迴向니하노

普願沈溺諸衆生이 速往無量光佛刹이이다여

如來讚嘆 四節

爾時에 普賢菩薩摩訶薩이 於如來前에 說

此普賢廣大願王淸淨偈已니하시 善財童子는

踊躍無量하고 一切菩薩은 皆大歡喜하며 如

來讚言되하시 善哉善哉라

流通分(유통분) 第三章(제삼장)

時會大衆(시회대중) 信受奉行(신수봉행)

爾時(이시에) 世尊(세존과) 與諸聖者菩薩摩訶薩(여제성자보살마하살이)

演說如是不可思議解脫境界勝法門時(연설여시불가사의해탈경계승법문시에)

文殊師利菩薩(문수사리보살로) 而爲上首(이위상수하는) 諸大菩薩(제대보살과)

及所成熟(급소성숙인) 六千比丘(육천비구) 彌勒菩薩(미륵보살로) 而爲(이위)

上首하는 賢劫一切諸大菩薩과 無垢普賢

菩薩로 而爲上首하는 一生補處며 住灌頂

位인 諸大菩薩과 及餘十方種種世界에서

普來集會인 一切刹海極微塵數諸菩薩

摩訶薩衆과 大智舍利弗과 摩訶目犍連

等으로 而爲上首하는 諸大聲聞과 幷諸人天

八七

一切世主 일체세주와
天龍夜叉 천룡야차와
乾闥婆 건달바
阿修羅 아수라

迦樓羅 가루라
緊那羅 긴나라
摩睺羅伽 마후라가
人非人等 인비인등

一切大衆 일체대중이
聞佛所說 문불소설하고
皆大歡喜 개대환희하야
信 신

受奉行 수봉행라하니

한글 보현행원품(普賢行願品)

무비 스님

제1장 서분(序分)

1. 부처님의 수승한 공덕은 한량없다

그 때에 보현보살마하살은 부처님의 거룩한 공덕을 찬탄하고 나서 여러 보살과 선재동자에게 말하였습니다.

"선남자여, 부처님의 공덕은 비록 시방세계 모든 부처님들이 이루 다 말할 수 없이 많은 부처님 세계의 아주 작은 티끌만치 많은 수의 겁을 계속하여 말할지라도 끝까지 다하지는 못할 것이다.

제2장 정종분(定宗分)

1. 열 가지 서원(誓願)의 이름을 열거하다

만일 그와 같은 공덕을 이룩하려면 마땅히 열 가지 크나큰 행원을 닦아야 하느니라.

그 열 가지 원이란, 모든 부처님께 예배하고 공경함이 그 하나요, 부처님을 우러러 찬탄함이 그 둘이며, 널리 공양함이 그 셋이요, 스스로의 업장을 참회함이 그 넷이며, 남의 공덕을 따라 기뻐함이 그 다섯이요, 설법하여 주기를 청함이 그 여섯이며, 부처님이 세상에 오래 머무르시기를 청함이 그 일곱이며, 항상 부처님을 따라 배움이 그 여덟이며, 항상 중생을 따름이 그 아홉이요, 모두 다 회향함이 그 열이니라."

⑴ 모든 부처님께 예경(禮敬)하다

선재 동자가 아뢰었습니다.

"거룩하신 이여, 어떻게 예배하고 공경하오며, 내지 어떻게 회향하오리까?"

보현 보살은 선재 동자에게 말하였습니다.

"선남자여, 부처님께 예배하고 공경한다는 것은 온 법계·허공계·시방 삼세 모든 부처님 세계의 아주 작은 티끌만치의 많은 수의 모든 부처님들께 보현의 수행과 서원의 힘으로 깊은 믿음을 일으켜 눈 앞에 뵈온 듯이 받들고 청정한 몸과 말과 뜻으로 항상 예배하고 공경하는 것이니라. 낱낱이 부처님께 이루 다 말할 수 없는 아주 작은 티끌 만치 많은 수의 몸을 나타내어 그 한몸 한몸이 이루 다 말할 수 없는 아주 작은 티끌만치 많은 부처님께 두루 절하는 것이니, 허공계가 다하여야 나의 이 예배하고 공경함도 다 하려니와, 허공계가 다할 수 없으므로 나의 이 예배하고 공경함도 다함이 없느니라. 이와 같이 중생의 세계가 다하고, 중생의 업이 다하고, 중생의 번뇌가 다하여야 나의 예배함도 다하려니와, 중생계와, 내지 중생의 번뇌가 다함이 없으므로 나의 이 예배하고 공경함도 다함이 없느니라. 염념히 계속하여 쉬지 않건만 몸과 말과 뜻으로 하는 일은 지치거나 싫어함이 없느니라.

(2) 모든 여래(如來)를 칭찬하다

선남자여, 부처님을 찬탄한다는 것은 온 법계·허공계·시방 삼세 모든 부처님 세계의 아주 작은 낱낱 티끌 가운데 모든 세계의 아주 작은 티끌 수의 부처님이 계시고, 부처님 계신 데마다 보살 대중이 모여와 둘러싸 모시는 것이니 내가 마땅히 깊고 훌륭한 알음알이로 앞에 나타나듯 알아보며, 변재천녀의 미묘한 혀보다 더 훌륭한 혀를 내어 그 낱낱이 혀로 그지없는 소리를 내고 낱낱 소리로 온갖 말을 내어, 부처님들의 모든 공덕을 찬탄하며, 오는 세월이 다 하도록 계속하여 그치지 않아 법계가 끝난 데까지 두루하는 것이니라. 이와 같이 하여 허공계가 끝나고, 중생계가 끝나고, 중생의 업이 끝나고, 중생의 번뇌가 끝나야 나의 찬탄이 끝나려거니와 허공계와 내지 중생의 번뇌가 끝날 수 없으므로 나의 찬탄도 끝남이 없나니, 염념히 계속하여 잠깐도 쉬지 않건만 몸과 말과 뜻으로 하는 일은 지치거나 싫어함이 없느니라.

(3) 널리 공양(供養)을 수행하다

선남자여, 널리 공양한다는 것은 온 법계·허공계·시방삼세 모든 부처님 세계의 아주 작은 티끌의 그 하나하나마다 일체 세계의 아주 작은 티끝만치 많은 수의 부처님이 계시고, 부처님 계신 데마다 가지가지 보살 대중이 모여서 둘러싸 모시는 것이니, 내 보현의 수행과 서원의 힘으로 깊은 믿음과 알음알이를 일으켜 눈 앞에 나타나듯 알아보며 훌륭한 여러 가지 공양거리로 공양하나니, 이른바 꽃과 꽃타래와 하늘 음악과 하늘 일산과 하늘 옷과 여러 가지 하늘 향과 바르는 향, 사르는 향, 가루향과 이와 같은 것들의 낱낱 무더기가 수미산 같으며, 우유등·기름등·향유등 같은 여러 가지로 켜는 등불의 심지는 각각 수미산 같고 기름은 바닷물 같아서 이와 같은 여러 가지 공양거리로 항상 공양하느니라.

선남자여, 모든 공양 가운데는 법공양이 으뜸이니라.

부처님 말씀대로 수행하는 공양과 중생들을 이롭게 하는 공양과 중생들을 거두어주는 공양과 중생들의 고통을 대신하는 공양과 착한 바탕 닦는 공양과 보살의 할 일을 버리지 않는 공양과 보리심을 여의지 않는 공양들이 그것이니라.

선남자여, 먼저 말한 여러 가지로 공양한 한량없는 공덕을 한 생각 잠깐 동안 법으로 공양한 공덕에 비하면, 그 백분의 일이 못 되고, 천분의 일도 못 되며, 백천 구지 나유타분의 일, 가라분의 일, 산분·수분의 일, 유분의 일, 우바니사타분의 일도 못 되느니라. 왜냐하면, 모든 부처님들은 법을 존중하기 때문이며, 부처님 말씀대로 수행함이 부처님을 내기 때문이며 만일 보살들이 법공양을 행하면 이것이 곧 부처님께 공양함을 성취하는 것이며, 이와 같이 수행함이 진실한 공양이기 때문이니라. 이는 넓고 크고 가장 훌륭한 공양이니 허공계가 끝나고, 중생계가 끝나고, 중생의 업이 끝나고, 중생의 번뇌가 끝나야 나의 공양이 끝나려니와, 허공계와 내지 중생의 번뇌가 끝날 수 없으므로 나의 이 공양도 끝나지 않느니라. 이와 같이 염념히 계속하여 잠깐도 쉬지 않건만 몸과 말과 뜻으로 하는 일은 지치거나 싫어함이 없느니라.

(4) 모든 업장(業障)을 참회하다

선남자여, 업장을 참회한다는 것은 보살이 스스로 생각하기를 '내가 지나간 세상에 비롯 없는 겁 동안에 탐내고 성내고 어리석은 탓으로 몸과 말과 뜻을 놀리어 악한 업을 지음이 한량없고 가이없으니, 만일 그 악한 업이 형태가 있다면 끝없는 허공으로도 그것을 다 용납할 수가 없을 것이다. 내가 이제 청정한 세 가지 업으로 법계에 두루 찬 아주 작은 티끌 세계의 모든 부처님과 보살 대중 앞에 지성으로 참회하고 다시는 악한 업을 짓지 않으며, 깨끗한 계율의 모든 공덕에 항상 머물겠나이다.' 하는 그 마음이니라. 이와 같이 하여 허공계가 끝나고, 중생계가 끝나고, 중생의 업이 끝나고, 중생의 번뇌가 끝나야 나의 참회도 끝나려니와, 허공계와 내지 중생의 번뇌가 끝날 수 없으므로 나의 이 참회도 끝나지 않느니라. 염념히 계속하여 잠깐도 쉬지 않건만 몸과 말과 뜻으로 하는 일은 지치거나 싫어함이 없느니라.

(5) 남의 공덕을 따라 기뻐하다

선남자여, 남의 공덕을 따라 기뻐한다는 것은 온 법계·허공계·시방 삼세 모든 부처님 세계의 아주 작은 티끌만치 많은 수의 여러 부처님들이 첫 발심한 때로부터 모든 지혜를 위하여 복덕을 부시런히 닦을 직에 몸과 목숨을 아끼지 않고 이루 다 말할 수 없이 많은 부처님 세계의 아주 작은 티끌만치 많은 수의 겁을 지나는 동안 이루 다 말할 수 없이 많은 부처님 세계의 아주 작은 티끌 만치 많은 수의 머리와 눈과 손과 발을 버렸으며, 이와 같이 행하기 어려운 고행을 하면서 가지가지 바라밀다문을 원만히 갖추었고 가지가지 보살의 지혜에 들어가 모든 부처님의 가장 훌륭한 보리를 성취하였으며, 열반에 든 뒤에는 그 사리를 나누어 공양하였나니, 그 모든 착한 바탕을 나도 따라 기뻐하며, 또 시방 모든 세계의 여섯 갈래 길에서

네 가지로 생겨나는 모든 종류들이 지은 바 공덕과, 내지 한 티끌만한 것이라도 내가 모두 따라서 기뻐하며, 시방 삼세 모든 성문과 벽지불의 배우는 이와 배울 것 없는 이의 온갖 공덕을 내가 모두 따라서 기뻐하며, 모든 보살들이 한량없이 행하기 어려운 고행을 닦으면서 가장 높은 보리를 구하던 그 넓고 큰 공덕을 내가 모두 따라서 기뻐하나니, 이와 같이 하여 허공계가 다하고, 중생계가 다하고, 중생의 업이 다하고, 중생의 번뇌가 다하여도 나의 이 함께 기뻐함은 끝나지 않으리라. 염념히 계속하여 쉬지 않건만 몸과 말과 뜻으로 하는 좋은 일은 지치거나 싫어함이 없느니라.

⑹ 법륜(法輪) 굴리기를 청하다

선남자여, 설법하여 주기를 청한다는 것은 온 법계·허공계·시방·삼세 모든 부처님 세계의 아주 작은 티끌 하나하나마다 이루 다 말할 수 없이 많은 부처님 세계의 아주 작은 티끌같이 많은 수의 넓고 큰 부처님 세계가 있고 그 낱낱의 세계 안에서 잠깐 동안에 이루 다 말할 수 없이 많은 부처님 세계의 아주 작은 티끌만치 많은 수의 부처님들이 바른 깨달음을 이루는지라, 모든 보살대중이 둘러 앉아 있나니 내가 몸과 말과 뜻으로 하는 가지가지 방편으로써 법문 설하여 주기를 은근히 청하는 것이니라. 이와 같이 하여 허공계가 끝나고, 중생계가 끝나고, 중생의 업이 끝나고, 중생의 번뇌가 끝나더라도 내가 모든 부처님께 항상 바른 법 설하여 주기를 청함은 끝남이 없을 것이니. 염념히 계속하여, 잠깐도 쉬지 않건만 몸과 말과 뜻으로 하는 일은 지치거나 싫어함이 없느니라.

⑺ 부처님이 세상에 오래 머무시기를 청하다

선남자여, 부처님이 세상에 오래 계시기를 청한다는 것은 온 법계·허공계·시방 삼세 모든 부처님 세계의 아주 작은 티끌만치 많은 수의 부처님이 열반에 드시려 하거나 모든 보살·성문·연각의 배우는 이와 배울 것 없는 이와, 내지 선지식들에게 내가 모두 권하여 열반에 들지 말고 모든 부처님 세계의 아주 작은 티끌만치 많은 수의 겁을 지나도록 일체 중생을 이롭게 하여 달라고 청하는 것이니라. 이와 같이 하여 허공계가 끝나고, 중생계가 끝나고, 중생의 업이 끝나고, 중생의 번뇌가 끝나더라도 나의 권청하는 일은 끝나지 않느니라. 염념히 계속하여 잠깐도 끊어짐이 없건만 몸과 말과 뜻으로 하는 일은 지치거나 싫어함이 없느니라.

⑻ 항상 부처님을 따라 배우다

선남자여, 부처님을 따라서 배운다는 것은 이 사바세계의 비로자나 부처님께서 처음 발심한 때로부터 정진하여 물러나지 않으시고 이루 다 말할 수 없는 몸과 목숨으로 보시하며, 가죽을 벗겨 종이를 삼고 뼈를 쪼개어 붓을 삼고, 피를 뽑아 먹물을 삼아서 경전 쓰기를 수미산 높이 같이 하면서 법을 소중히 여기므로 목숨도 아끼지 않거늘, 하물며 임금의 자리나 도시나 시골이나 궁전이나 동산 따위의 갖가지 물건과 하기 어려운 가지가지 고행이랴. 보리수 아래서 정각을 이루던 일이며, 여러 가지 신통을 보이고 가지가지 변화를 일으키며, 갖가지 부처 몸을 나타내어 온갖 대중이 모인 곳에 계실 적에 혹은 모든 보살 대중이 모인 도량이나 성문괴 벽지불 대중이 모인 도량이나 전륜성왕과 작은 왕이나 그 권속들이 모인 도량이나 찰제리·바라문·장자·거사들이 모인 도량이나, 내지 하늘과 용, 팔부신중과 사람인 듯 아닌 듯 한 것들이 모인 도량에 있어, 이와 같은 여러 가지 큰 모임에서 원만한 음성을 천둥 소리같이 하여 그들의 욕망에 따라 중생의 기틀을 무르익히던 일과 마침내 열반에 들어 보이시던, 이와 같은 온갖 일을 내가 모두 따라 배우며, 지금의 비로자나 부처님께와 같이 온 법계·허공계·시방·삼세 모든 부처님 세계의 티끌 속에 계시는 모든 부처님들

께도 이와 같이 하여 염념히 내가 따라 배우는 것이니라. 이와 같이 하여 허공계가 끝나고, 중생계가 끝나고, 중생의 업이 끝나고, 중생의 번뇌가 끝나더라도 나의 이 따라서 배우는 일은 끝나지 않고 염념히 계속하여 잠깐도 쉬지 않건만 몸과 말과 뜻으로 하는 일은 지치거나 싫어함이 없느니라.

⑼ 항상 중생들을 수순하다

선남자여, 중생의 뜻에 항상 따른다는 것은 온 법계·허공계·시방세계의 중생들이 여러 가지 차별이 있어 알에서 나고, 태에서 나고, 습기로 나고 화하여 나기도 하나니 땅과 물과 불과 바람을 의지하여 살기도 하고, 허공을 의지하여 살기도 하며, 풀과 나무를 의지하여 살기도 하는 바, 여러 가지 생류와 여러 가지 몸과 여러 가지 형상과 여러 가지 모양과 여러 가지 수명과 여러 가지 종족과 여러 가지 이름과 여러 가지 성질과 여러 가지 소견과 여러 가지 욕망과 여러 가지 뜻과 여러 가지 위의와 여러 가지 의복과 여러 가지 음식으로 여러 시골의 마을과 도시의 큰집에 사는 이들이며, 내지 하늘과 용 팔부 신중과 사람인 듯 아닌 듯한 것들이며, 발 없는 것, 두발 가진 것, 네발 가진 것과 여러 발 가진 것이며, 빛깔 있는 것, 빛깔 없는 것, 생각 있는 것, 생각 없는 것, 생각 있는 것도 아니고 생각 없는 것도 아닌 것 따위를 내가 모두 그들에게 수순하여 가지가지로 섬기고 가지가지로 공양하기를 부모같이 공경하고, 스승과 아라한과, 내지 부처님이나 다름이 없이 받들며, 병든 이에게는 의원이 되고, 길 잃은 이에게는 바른 길을 보여주고, 캄캄한 밤에는 빛이 되며, 가난한 이에게는 묻혀 있는 보배를 얻게 하면서 이렇게 보살이 일체 중생을 평등하게 이롭게 함을 말하는 것이니라. 왜냐하면 보살이 중생을 수순하는 것은 곧 부처님께 순종하여 공양하는 것이 되고, 중생들을 존중하여 섬기는 것은 곧 부처님을 존중하여 받드는 것이 되며, 중생들을 기쁘게 하는 것은 곧 부처님을 기쁘게 함이 되기 때문이니라. 그 까닭은 부처님은 자비하신 마음으로 바탕을 삼으시기 때문이니라. 중생으로 인하여 큰 자비심을 일으키고, 자비로 인하여 보리심을 내고, 보리심으로 인하여 정각을 이루심이, 마치 넓은 벌판 모래사장에 서 있는 큰 나무의 뿌리가 물을 만나면 가지와 잎과 꽃과 열매가 모두 무성함과 같으니, 나고 죽는 광야의 보리수 나무도 또한 이와 같으니라. 일체 중생은 뿌리가 되고 부처님과 보살들은 꽃과 열매가 되어, 자비의 물로 중생들을 이롭게 하면 모든 부처님과 보살들의 지혜의 꽃과 열매를 이루느니라. 왜냐하면 보살들이 자비의 물로 중생들을 이롭게 하면 아뇩다라삼먁삼보리를 성취하기 때문이니라. 그러므로 보리는 중생에게 달렸으니 중생이 없으면 모든 보살이 마침내 가장 훌륭한 정각을 이루지 못하느니라.

선남자여, 그대는 이 이치를 이렇게 알아라. '중생에게 마음을 평등히 함으로써 원만한 자비를 성취하고, 자비심으로 중생들을 수순함으로써 부처님께 공양함을 성취하는 것이라.'고.

보살은 이와 같이 중생을 수순 하나니 허공계가 다하고, 중생계가 다하고, 중생의 업이 다하고, 중생의 번뇌가 다하여도 나의 수순함은 다함이 없느니라. 염념히 계속하여, 잠깐도 쉬지 않건만 몸과 말과 뜻으로 하는 일은 지치거나 싫어함이 없느니라.

⑽ 널리 다 회향(回向)하다

선남자여, 모두 다 회향한다는 것은 처음 예배하고 공경함으로부터 중생의 뜻에 수순함에 이르기까지, 그 모든 공덕을 온 법계·허공계 일체 중생에게 회향하여 중생들로 하여금 항상 편안하고 즐거움을 얻게 하고 병고가 없게 하기를 원하며, 하고자 하는 나쁜 짓은 모두 이룩되지 않고 착한 일은 빨리 이루어지며, 온갖 나쁜 갈래의 문은 닫아버리고 인간이나 천상이나 열반에 이르는 바른 길은 열어 보이며, 중생들이 쌓아 온 나쁜 업으로 말미암아 받게 되는 모든 무거운 고통의 과보를 내가 대신하여 받으며, 그 중생들이 모두 다 해탈을 얻고 마침내는 더 없이 훌륭한 보리를 성취하기를 원하는 것이니라. 보살은 이와 같이 회향하나니 허공계가 끝나고, 중생계가 끝나고, 중생의 업이 끝나고, 중생의 번뇌가 끝나더라도 나의 이 회향은 끝나지 않고, 염념히 계속하여 쉬지 않건만 몸과 말과 뜻으로 하는 일은 지치거나 싫어함이 없느니라.

2. 보현십대행원의 공덕을 나타내다

선남자여, 이것이 보살마하살의 열 가지 큰 서원이 구족하게 원만한 것이니라. 만일 모든 보살들이 이 큰 서원을 따라 나아가면 능히 모든 중생의 기틀을 성숙시키고 아뇩다라삼먁삼보리를 수순케 하며, 보현보살의 수행과 원력을 채우게 될 것이니라. 그러므로 선남자여, 그대는 이 이치를 이렇게 알아야 하느니라.

"만일 선남자나 선여인이 시방에 가득한 한량없고 끝 없어 이루 다 말할 수 없는 부처님 세계의 아주 작은 티끌 수로 많은 모든 세계의 가장 좋은 칠보와 또 천상·인간의 가장 훌륭한 안락으로써 그러한 모든 세계의 중생들에게 보시하고, 그러한 모든 세계의 부처님과 보살들께 공양하기를 저러한 부처님 세계의 아주 작은 티끌 수 겁을 지나도록 계속하여 그치지 않는 그 공덕과, 또 어떤 사람이 이 열 가지 행원을 한번 들은 공덕과 서로 비교하면, 앞의 공덕은 뒤의 것의 백분의 일도 미치지 못하고, 천분의 일도 미치지 못하고, 내지 우바니사타분의 일에도 미치지 못하느니라."

그러므로 이 원을 외우는 사람은 어떠한 세간에 다니더라도 궁중의 달이 구름을 벗어나듯이 거리낌이 없을 것이며, 부처님과 보살들이 칭찬하고 일체 천상 사람과 세상 사람들이 다 예경하고 일체 중생이 다 공양하느니라.

이 선남자는 사람의 몸을 잘 얻어 보현보살의 공덕을 원만히 갖추고 오래지 않아 보현보살같이 미묘한 몸을 곧 성취하여 서른 두 가지 대장부다운 상을 갖출 것이며, 천상에나 인간에 나면 가는 곳마다 항상 으뜸되는 가문에 태어날 것이요, 모든 악한 갈래를 깨뜨리고 나쁜 친구를 멀리 여의며, 모든 외도를 항복 받고 온갖 번뇌를 모두 해탈하여 마치 큰 사자가 뭇 짐승들을 습복시키듯 할 것이며 모든 중생의 공양을 받을 것이니라.

또 이 사람이 목숨을 마치는 마지막 찰나에는 육신은 모두 다 무너져 흩어지고 모든 친척·권속은 다 버리고 떠나게 되고 일체의 권세도 잃어져 고관·대작과 궁성 안팎과 코끼리·말·수레와 보배·비밀 창고들이 하나도 다시 따라오지 않지만 이 열 가지 서원은 서로 떠나지 않고 어느 때에나 앞길을 인도하여 한 찰나 동안에 극락세계에 왕생함을 얻으리라. 가서는 곧 아미타불과 문수보살·보현보살·관자재보살과 미륵보살 등을 뵈올 것이며, 이 보살들은 모습이 단정하고 공덕이 구족하여, 함께 아미타불을 둘러 앉아 있을 것이니, 그 사람은 제몸이 절로 연꽃 위에 나서 부처님의 수기 받음을 스스로 볼 것이며, 수기를 받고는 무수한 백천만억 나유타 겁을 지나면서, 널리 시방의 이루 다 말할 수 없는 세계에 지혜의 힘으로 중생들의 마음을 좇아 이롭게 할 것이며, 오래지 않아서 보리 도량에 앉아 마군을 항복 받고 정각을 이루며, 법문을 베풀어 능히 부처님 세계의 이주 작은 티끌 수 세계의 중생들로 하여금 보리심을 내게 하고, 그 근기에 따라 교화하여 성취시키며, 오는 세월이 다하도록 모든 중생을 널리 이롭게 할 것이니라.

선남자여, 저 중생들이 이 열 가지 원을 듣고, 믿고, 받아 지니고, 읽고, 외우며, 남을 위하여 연설하면 그 공덕은 부처님을 제하고는 알 사람이 없느니라. 그러므로 그대들은 이 원을 듣거든 의심을 내지 말고 자세히 받으며, 받아서는 읽고, 읽고는 외우고, 외우고는 항상 지니며, 내지 베껴 쓰고,

남에게 말하여 베풀어라, 이런 사람들은 한 생각 동안에 온 행원을 다 성취할 것이니, 얻는 복덕은 한량없고 가이없으며 번뇌의 고해에서 중생들을 건져 내어 생사를 멀리 여의고 모두 다 아미타불의 극락세계에 가서 나게 되리라.

3. 보현보살십대 게송으로 거듭 밝히다
이 때에 보현보살 마하살은 이 뜻을 다시 펴려고 하여 시방을 두루 살피면서 게송으로 말하였습니다.

(1) 예경제불 노래
온 법계 허공계의 시방세계 가운데   삼세의 한량없는 부처님들께
이내의 깨끗한 몸과 말과 뜻으로   한 분도 빼지 않고 두루 예배하며

보현보살 행과 원의 크신 힘으로   한량 없는 부처님들 앞에 나아가
한 몸으로 티끌 수의 몸을 나타내   티끌 수의 부처님께 예배합니다.

(2) 칭찬여래 노래
한 티끌 속 티끌 수의 부처님들이   보살 대중 모인 속에 각각 계시고
온 법계의 티끌 속도 그와 같아서   부처님이 가득하옴 깊이 믿으며

제각기 가지각색 음성바다로   그지없는 묘한 말씀 널리 펴내어서
오는 세상 모든 겁이 다할 때까지   부처님의 깊은 공덕 찬탄합니다.

(3) 광수공양 노래
가장 좋고 아름다운 모든 꽃타래   좋은 음악 바르는 향 보배 일산과
이와 같이 훌륭하온 꾸미개로써   한량 없는 부처님께 공양하오며

가장 좋은 의복들과 가장 좋은 향   가루향과 사르는 향 등과 촛불을

하나하나 수미산과 같은 것으로   한량없는 부처님께 공양하오며

넓고 크고 잘 깨닫는 이내 마음으로   삼세의 모든 여래 깊이 믿삽고
보현보살 행과 원의 크신 힘으로   두루두루 부처님께 공양합니다.

(4) 참제업장 노래
지난 세상 내가 지은 모든 악업은   성 잘내고 욕심 많고 어리석은 탓
몸과 말과 뜻으로 지었사오매   내가 이제 속속들이 참회합니다.

(5) 수희공덕 노래
시방세계 여러 종류 모든 중생과   성문·연각·배우는 이·다 배운 이와
모든 부처·보살들의 온갖 공덕을   지성으로 받들어서 기뻐합니다.

(6) 청전법륜 노래
시방의 모든 세간 비추시는 등불로   큰 보리 맨 처음 이루신 이께
더 없이 묘한 법을 설하시라고   내가 지금 지성으로 권청하오며

(7) 청불주세 노래
모든 부처 열반에 드시려 할 때   이 세상에 오래오래 머무르시와
모든 중생 건지셔서 슬겁게 하길   내가 모두 지성으로 권청합니다.

(8) 보개회향 노래
예경하고 공양하고 찬탄한 복과   오래 계셔 법문하심 권하온 복과
따라서 기뻐하고 참회한 선근   중생들과 보리도에 회향합니다.

(9) 상수불학 노래
내가 여러 부처님을 따라 배우고   보현보살 원만한 행 닦아 익혀서

지난 세상 시방세계 부처님들과   지금 계신 부처님께 공양하오며

오는 세상 천상·인간 대도사들게   여러 가지 즐거움이 원만하도록
삼세의 부처님을 따라 배워서   보리도를 성취하기 원하옵니다.

(10) 항순중생 노래
끝 없는 시방 법계 모든 세계를   웅장하고 청정하게 장엄하옵고
부처님을 대중들이 둘러 모시어   보리수 나무 아래 앉아 계시니

시방세계 살고 있는 모든 중생들   근심 걱정 여의어서 항상 즐겁고
깊고 깊은 바른 법의 이익을 얻어   온갖 번뇌 다 없기를 축원합니다.

수지원(받아지니기를 원하다)
내가 보리 얻으려고 수행할 때에   모든 갈래 간 데마다 숙명통 얻고
출가하여 모든 계행 깨끗이 닦아   때 안 묻고 범하잖고 새지 않으며

하늘들과 용왕들과 구반다들과   야차들과 사람인 듯 아닌 듯한 것
그 모든 중생들이 쓰고 있는 말   가지각색 음성으로 설법하였네.

수행이리원(수행을 원하다)
청정한 바라밀다 꾸준히 닦아   어느 때나 보리심을 잊지 않았고
번뇌 업장 남김 없이 소멸하고서   여러 가지 묘한 행을 모두 이루며

모든 번뇌 모든 업과 마군의 경계   이 세간 온갖 일에 해탈 얻으니
연꽃 잎에 물방울이 묻지 않듯이   해와 달이 허공중에 머물잖듯이

성숙중생행원(중생들을 성숙시키다)
모든 악도 온갖 고통 모두 없애고   중생들에 평등하게 쾌락을 주어
이와 같이 티끌 수의 겁을 지나며   시방을 이익하게 함 한량없었네.

내 항상 중생들을 수순하리니   오는 세상 모든 겁이 끝날 때까지
보현보살 넓고 큰 행을 닦아서   가장 높은 보리도를 원만하리라.

불리원(함께 떠나지 않기를 원하다)
나와 함께 보현행을 닦는 동무들   날 적마다 여러 곳에 함께 모이어
몸과 말과 뜻으로 하는 일 같고   모든 수행 모든 서원같이 닦으며

나의 일을 도와주는 선지식들도   보현보살 좋은 행을 가르쳐주고
항상 나와 함께 모여 우리들에게   즐거운 맘 내시기를 원하옵니다.

공양원(공양을 원하다)
바라건대 부처님을 만나뵈올 제   보살 대중 모여 앉아 뫼시었거던
푸지고 좋은 공양 차려 올리며   오는 세상 끝나도록 지칠 줄 몰라

부처님의 묘한 법을 받아 지니고   가지가지 보리행을 빛나게 하며
깨끗하온 보현의 도 항상 닦아서   오는 세상 끝나도록 익혀지이다.

이익원(이익을 원하다)
시방세계 모든 곳에 두루 다니며   닦아 얻은 복과 지혜 다함이 없고
선정 지혜 모든 방편 해탈법으로   그지 없는 공덕장을 얻었사오며

한 티끌에 티끌 수의 세계가 있고   세계마다 한량 없는 부처님들이
간 곳마다 여러 대중 모인 속에서   보리행을 연설하심 내 항상 뵙네.

전법륜원(법륜굴리기를 원하다)
끝 없는 시방세계 법계 바다에   털끝만한 곳곳마다 삼세의 바다
한량 없는 부처님과 많은 국토에   내가 두루 수행하기 여러 겁일세.

부처님들 말씀은 청정하셔라   한 말씀에 여러가지 음성 갖추고

중생들이 좋아하는 음성을 따라   음성마다 부처님의 변재를 펴네.

삼세의 한량 없는 부처님께서   저 같은 그지 없는 말씀 바다로
깊은 이치 묘한 법문 연설하심을   내 지혜로 깊이깊이 들어가리라.

정토원(정토에 들기를 원하다)
오는 세상 모든 겁을 한데 뭉치어   한 생각을 만드는 데 들어가겠고
삼세의 모든 것을 통틀어 내어   한 생각을 만든 데도 들어가리라.

삼세의 한량 없는 부처님들을   한 생각 속에서도 모두 뵈오며
부처님의 경계 속에 늘 들어감은   요술 같은 해탈하온 위력입니다.

승사원(부처님 섬기기를 원하다)
한 터럭 끝 아주 작은 티끌 속에서   삼세의 장엄한 세계 나타나오며
시방의 티끌세계 터럭 끝마다   내 모두 깊이 들어가 장엄하오리.

오는 세상 세간 비칠 밝은 등불들   부처되어 설법하여 중생 건지고
부처님 일 다 마치고 열반에 드심   내가 두루 나아가서 친히 모시리.

성정각원(바른 깨달음을 원하다)
재빠르게 두루 도는 신통의 힘과   넓은 문에 두루 드는 대승의 힘과
지혜와 행 널리 닦은 공덕의 힘과   위신으로 덮어주는 자비의 큰 힘.

깨끗하게 장엄하온 복덕의 힘과   집착 없고 의지 없는 지혜의 힘과
선정·지혜 좋은 방편 위신의 힘과   원만하게 쌓아 모은 보리의 힘들.

모든 것을 깨끗이 한, 선업의 힘과   온갖 번뇌 부수는 꿋꿋한 힘과
마군들을 항복 받은 거룩한 힘과   보현행을 원만하게 닦은 힘으로.

총결대원(열 가지 원을 맺다)

모든 세계 간곳마다 청정 장엄해　　한량없는 중생들을 해탈케 하며
그지 없는 법문을 분별 잘 하여　　지혜 바다 깊이깊이 들어가오리.

어디서나 모든 행을 깨끗이 닦고　　가지가지 서원을 원만히 하며
부처님들 친히 뫼셔 공양하옵고　　오랜 겁을 싫증 없이 수행하오며

삼세의 한량없는 모든 부처님　　가장 좋은 보리 위한 모든 행과 원
내가 모두 공양하고 원만히 닦아　　보현보살 큰 행으로 도를 이루리.

결귀보현(보현보살과 같기를 원하다)

온 세계의 부처님들 맏아드님은　　그 이름 누구신가 보현 보살님
내가 이제 모든 선근 회향하옵고　　비옵니다 행과 지혜 그와 같고자

몸과 말과 마음까지 늘 깨끗하고　　모든 행과 세계들도 그러하기를
이런 지혜 이름하여 보현이시니　　저 보살과 같아지기 소원합니다.

결귀문수(문수보살과 같기를 원하다)

나는 이제 보현보살 거룩한 행과　　문수보살 크신 서원 깨끗이 하여
저 사업을 남김 없이 원만하리니　　오는 세상 끝나도록 싫증 안 내리.

내가 닦는 행에는 한량없으니　　그지 없는 모든 공덕 이루어가고
끝이 없는 온갖 행에 머물러 있어　　가지가지 신통력을 깨달으리라.

문수보살 용맹하고 크신 지혜와　　보현보살 지혜의 행 사모치고저
내가 이제 모든 선근 회향하여서　　그 임들을 항상 따라 배우오리다.

결귀회향(회향에 돌아가다)

삼세의 부처님들 칭찬하오신　　이와 같이 훌륭하고 크신 서원들
내가 이제 그 선근을 회향하여서　　보현보살 거룩한 행 얻고자 합니다.

원생정토(정토에 태어나기를 원하다)

원컨대 나의 목숨 마치려 할 때 온갖 번뇌 모든 업장 없애고 나서
저 아미타 부처님을 만나 뵈옵고 지체 없이 극락왕생 하려 합니다.

내가 이미 저 세계에 가서 난 다음 눈앞에서 이 큰 소원 모두 이루어
온갖 것을 남김없이 원만하여서 가이없는 중생들을 기쁘게 하리.

저 부처님께 모인 대중 깨끗할시고 나는 이때 연꽃 이에 태어나리니
아미타 부처님을 친히 뵈오면 그 자리에 보리 수기 내게 주시리.

부처님의 보리 수기 받잡고 나서 마음대로 백억 화신 나타내어서
크고 넓은 시방세계 두루 다니며 이 지혜로 모든 중생 제도하리.

총결십문무진(열 가지 문을 게송하다)

허공계와 중생계가 끝난다면은 이내 원도 그와 함께 끝나려니와
중생들의 업과 번뇌 끝없사오매 나의 원도 마침내 끝 없으리라.

경수승 공덕(수승한 공덕을 나타내다)

가이 없는 시방세계 가득히 쌓은 칠보로써 부처님께 공양한대도
가장 좋은 쾌락으로 천상 인간을 티끌 겁이 다하도록 보시한대도

어떤 이가 거룩하온 이 서원들을 한번 듣고 지성으로 믿음을 내어
좋은 보리 얻으려고 우러른다면 그 공덕이 저 복보다 훨씬 나으리.

나쁜 벗은 언제나 멀리 여의며 나쁜 갈래 영원토록 만나지 않아
아미타 부처님을 빨리 뵈옵고 보현보살 좋은 서원 갖추오리니

이 사람은 훌륭한 목숨을 얻고 이 사람은 날적마다 인간에 나서
이 사람은 오래잖아 보현보살의 저같이 크신 행원 성취하리라.

옛적에는 어리석고 지혜 힘 없어 다섯 가지 무간죄를 지었더라도

보현보살 이 서원을 읽고 외우면   한 생각에 저 죄업이 사라지려니

날 적마다 가문 좋고 신수 잘 나고   복과 지혜 모든 공덕 다 원만하여
마군이나 외도들이 어쩔 수 없어   삼계 중생 좋은 공양받게 되리라.

오래잖아 보리수 아래 앉아서   여러 가지 마군들을 항복 받나니
정각을 성취하고 법을 설하여   가이 없는 중생들에 이익 주리라.

결권수지(수지하기를 원하다)

누구든지 보현보살 이 서원들을   읽고 외워 받아 지녀 연설한다면
부처님이 그 과보를 아시오리니   결정코 보리도를 얻게 되리라.

누구든지 이 서원을 읽고 외우라   그 선근의 한 부분을 내 말하리니
한 생각에 모든 공덕 다 원만하고   중생들의 청정한 원 성취하리라.

바라건대 보현보살 거룩한 행의   그지 없이 훌륭한 복 다 회향하여
삼계 고해 빠져 있는 모든 중생들   어서 가소 아미타불 극락세계로.

4. **여래가 찬탄하다**

이 때에 보현보살마하살이 부처님 앞에서 이러한 보현의 큰 서원과 청정한 게송을 읊자, 선재동자는 한량없이 기뻐 뛰놀고, 여러 보살들은 크게 즐거워했으며, 부처님께서는 "좋아, 좋아." 하시며 찬탄하셨습니다.

제3장 유통분(流通分)

시회 대중들이 기뻐하다

그 때에 부처님이 거룩한 여러 보살마하살과 함께 이 헤아릴 수 없는 해탈 경계의 훌륭한 법문을 연설하실 때, 문수사리 보살을 우두머리로 한 여러 큰 보살들과 그들이 성숙시킨 육천 비구와, 미륵보살을 우두머리로 한 현겁의 모든 보살과 무구보현 보살을 우두머리로 한 일생보처로서 정수리에 물을 붓는 지위에 있는 모든 큰 보살과 시방의 여러 세계에서 모여 온 모든 세계의 아주 작은 티끌같이 많은 수의 모든 보살마하살들과 큰 지혜 있는 사리불·마하목건련들을 우두머리로 한 모든 큰 성문과 천상·인간의 모든 세간 주인들과 하늘·용왕·야차·건달바·아수라·가루라·긴나라·마후라가·사람인 듯 아닌 듯한 따위의 일체 대중들이 부처님의 말씀을 듣고 모두 크게 기뻐하여 믿어 받고 받들어 행하였습니다.

 회 향 문

사경제자 :   합장

사경시작 일시 :   년   월   일

❀ 정성스럽게 쓰신 사경본 처리 방법 ❀

· 가보로 소중히 간직합니다.
· 본인이 지니고 독송용으로 사용합니다.
· 다른 분에게 선물합니다.
· 돌아가신 분을 위한 기도용 사경은 절의 소대에서
  불태워 드립니다.
· 법당, 불탑, 불상 조성시에 안치합니다.

도서출판 窓 "무량공덕 사경" 시리즈

제1권	반야심경 무비스님 편저		제11권	불설아미타경 무비스님 편저
제2권	금강경 무비스님 편저		제12권	원각경보안보살장 무비스님 편저
제3권	관세음보살보문품 무비스님 편저		제13권	천지팔양신주경 무비스님 감수
제4권	지장보살본원경 무비스님 편저		제14권	대불정능엄신주 무비스님 편저
제5권	천수경 무비스님 편저		제15권	수보살계법서 무비스님 편저
제6권	부모은중경 무비스님 편저		제16권	불설우란분경 무비스님 편저
제7권	목련경 무비스님 편저		제17권	미륵삼부경 무비스님 편저(근간)
제8권	삼천배 삼천불 무비스님 편저		제18권	화엄경약찬게 무비스님 편저(근간)
제9권	보현행원품 무비스님 감수		제19권	법성게 무비스님 편저(근간)
제10권	신심명 무비스님 편저		제20권	묘법연화경(전7권) 무비스님 편저(근간)

도서출판 窓 "무량공덕 우리말 사경" 시리즈(근간)

제1권	우리말 반야심경 무비스님 편저		제6권	우리말 부모은중경 무비스님 편저
제2권	우리말 금강경 무비스님 편저		제7권	우리말 예불문 무비스님 편저
제3권	우리말 관세음보살보문품 무비스님 편저		제8권	우리말 백팔대참회문 무비스님 편저
제4권	우리말 지장보살본원경 무비스님 편저		제9권	우리말 묘법연화경(전7권) 무비스님 편저
제5권	우리말 천수경 무비스님 편저		제10권	우리말 삼천배 삼천불 무비스님 감수

도서출판 窓 "묘법연화경 한지 사경" 시리즈 무비스님 감수

제1권	묘법연화경(제1품, 제2품)
제2권	묘법연화경(제3품, 제4품)
제3권	묘법연화경(제5품, 제6품, 제7품)
제4권	묘법연화경(제8품, 제8품, 제9품, 제10품, 제11품, 제12품, 제13품)
제5권	법연화경(제14품, 제15품, 제16품, 제17품)
제6권	묘법연화경(제18품, 제19품, 제20품, 제21품, 제22품, 제23품)
제7권	묘법연화경(제24품, 제25품, 제26품, 제27품, 제28품)

※표지: 비단표지, 본문: 고급국산한지

¤ "무량공덕 사경" 시리즈는 계속 간행됩니다.

☆ 법보시용으로 다량주문시 특별 할인해 드립니다.
☆ 원하시는 불경의 독송본이나 사경본을 주문하시면 정성껏 편집 · 제작하여 드립니다.

◆무비(如天 無比) 스님
· 전 조계종 교육원장.
· 범어사에서 여환스님을 은사로 출가.
· 해인사 강원 졸업.
· 해인사, 통도사 등 여러 선원에서 10여년 동안 안거.
· 통도사, 범어사 강주 역임.
· 조계종 종립 은해사 승가대학원장 역임.
· 탄허스님의 법맥을 이은 강백.
· 화엄경 완역 등 많은 집필과 법회 활동.

▶저서와 역서
· 『금강경 강의』, 『보현행원품 강의』, 『화엄경』, 『예불문과 반야심경』,
『반야심경 사경』외 다수.

普賢行願品

초판 발행일 · 2007년 4월 15일
5쇄 펴낸날 · 2022년 1월 25일
편 저 · 무비 스님
펴낸이 · 이규인
편 집 · 천종근
펴낸곳 · 도서출판 窓
등록번호 · 제15-454호
등록일자 · 2004년3월 25일

주소 · 서울특별시 마포구 대흥로4길 49, 1층(용강동, 월명빌딩)
전화 · 322-2686, 2687/팩시밀리 · 326-3218
e-mail · changbook1@hanmail.net
홈페이지 · http://www.changbook.co.kr

ISBN 978-89-7453-138-6 04220
정가 7,500원

* 파손된 책은 구입하신 서점이나 《도서출판 窓》에서 바꾸어 드립니다.
☞ 염화실(http://cafe.daum.net/yumhwasil)에서 무비스님의 강의를 들을 수 있습니다.